百角文库

物理之象
磁力船

〔苏联〕别莱利曼　著

王昌茂　译　　高立民　改编

中国少年儿童新闻出版总社
中国少年儿童出版社
北　京

图书在版编目（CIP）数据

物理之象 . 磁力船 / (苏) 别莱利曼著；王昌茂译 . -- 北京：中国少年儿童出版社，2024.1（2024.7重印）
（百角文库）
ISBN 978-7-5148-8445-6

Ⅰ . ①物… Ⅱ . ①别… ②王… Ⅲ . ①物理学 – 少儿读物 Ⅳ . ① O4-49

中国国家版本馆 CIP 数据核字（2024）第 003094 号

WU LI ZHI XIANG —— CI LI CHUAN
（百角文库）

出版发行：中国少年儿童新闻出版总社
中国少年儿童出版社

执行出版人：马兴民

丛书策划：马兴民 缪 惟		美术编辑：徐经纬	
丛书统筹：何强伟 李 橦		装帧设计：徐经纬	
责任编辑：李 华		标识设计：曹 凝	
责任校对：田荷彩		插 图：晓 劼	
责任印务：厉 静		封面图：晓 劼	

社 址：北京市朝阳区建国门外大街丙 12 号	邮政编码：100022
编 辑 部：010-57526336	总 编 室：010-57526070
发 行 部：010-57526568	官方网址：www.ccppg.cn

印刷：河北宝昌佳彩印刷有限公司

开本：787mm × 1130mm 1/32	印张：2.75
版次：2024 年 1 月第 1 版	印次：2024 年 7 月第 2 次印刷
字数：32 千字	印数：5001-11000 册

ISBN 978-7-5148-8445-6　　　　　　　　　定价：12.00 元

图书出版质量投诉电话：010-57526069　　　电子邮箱：cbzlts@ccppg.com.cn

序

　　提供高品质的读物，服务中国少年儿童健康成长，始终是中国少年儿童出版社牢牢坚守的初心使命。当前，少年儿童的阅读环境和条件发生了重大变化。新中国成立以来，很长一个时期所存在的少年儿童"没书看""有钱买不到书"的矛盾已经彻底解决，作为出版的重要细分领域，少儿出版的种类、数量、质量得到了极大提升，每年以万计数的出版物令人目不暇接。中少人一直在思考，如何帮助少年儿童解决有限课外阅读时间里的选择烦恼？能否打造出一套对少年儿童健康成长具有基础性价值的书系？基于此，"百角文库"应运而生。

　　多角度，是"百角文库"的基本定位。习近平总书记在北京育英学校考察时指出，教育的根本任务是立德树人，培养德智体美劳全面发展的社会主义建设者和接班人，并强调，学生的理想信念、道德品质、知识智力、身体和心理素质等各方面的培养缺一不可。这套丛书从100种起步，涵盖文学、科普、历史、人文等内容，涉及少年儿童健康成长的全部关键领域。面向未来，这个书系还是开放的，将根据读者需求不断丰富完善内容结构。在文本的选择上，我们充分挖掘社内"沉睡的""高品质的""经过读者检验的"出版资源，保证权威性、准确性，力争高水平的出版呈现。

通识读本，是"百角文库"的主打方向。相对前沿领域，一些应知应会知识，以及建立在这个基础上的基本素养，在少年儿童成长的过程中仍然具有不可或缺的价值。这套丛书根据少年儿童的阅读习惯、认知特点、接受方式等，通俗化地讲述相关知识，不以培养"小专家""小行家"为出版追求，而是把激发少年儿童的兴趣、养成正确的思考方法作为重要目标。《畅游数学花园》《有趣的动物语言》《好大的地球》《看得懂的宇宙》……从这些图书的名字中，我们可以直接感受到这套丛书的表达主旨。我想，无论是做人、做事、做学问，这套书都会为少年儿童的成长打下坚实的底色。

中少人还有一个梦——让中国大地上每个少年儿童都能读得上、读得起优质的图书。所以，在当前激烈的市场环境下，我们依然坚持低价位。

衷心祝愿"百角文库"得到少年儿童的喜爱，成为案头必备书，也热切期盼将来会有越来越多的人说"我是读着'百角文库'长大的"。

是为序。

马兴民

2023 年 12 月

目　录

雪地骑车

一夜小雪使平整的马路变成了一个溜冰场。

因为雪在汽车轮子的重压下融化成水，随后又立即结成冰。走路不留心都会摔跤，更不用说骑车了。一捏车闸，后轱辘一横，"啪"的一下连想都来不及想就摔倒在马路中间，多么危险啊！所以下雪的时候最好就别骑车了。

汽车总是要开的。汽车是不会摔跤的。但是，汽车急刹车的时候后轱辘也会一横，使车身转一个90度，横在马路中间，有的时候还会跑到人行横道上，可真危险。

按着惯性的原理，刹车的时候，由于地面滑，摩擦力小，车子会向前直冲，可是为什么会打横呢？就像有一股神秘的力量，在车子的侧面使劲推了它一样，车身横过来了。

其实这里面没有什么神秘的东西，只是摩擦力有一个不被大家重视的特点：当一个物体相对地面滑动的时候，在和滑动相垂直的方向上，摩擦力特别小，就像上了油一样，不及滑动方向上摩擦力的 1/10。车轮滚动时没有这种现象，只有车轮在地面上蹭着前行的时候才会有这种现象。冰雪天，本来路面摩擦力就很小，再减少到原来的 1/10 就更小了，横向只要有一点儿力就会使车辆打横。产生横向力的原因很多。例如，路面不平，后面两个车轮刹车力不均匀等。

上面说的现象，不仅会发生在雪天。高速公路上的车祸也往往是这种原因。车辆急刹车时，由于急剧摩擦产生的高温能使路面的柏油或轮胎上的橡胶熔化，变成一层薄薄的液体，摩擦力急剧地减少使车辆打横。在弯曲的山路上，急刹车能使汽车从陡峭的山崖上翻下去。

那么怎样避免这种现象呢？

雪天撒沙子或铺稻草增加摩擦力是一种办法。但是骑车人或司机避免急刹车则是一个重要的措施。只要车轮在地面上滚动就一定不会产生打横的现象。雪地骑车应该慢一点儿，早发现情况，轻轻捏车闸，捏一下松开，再捏一下，尽量避免车轮和地面相对滑动，就摔不了跤了。

冰箱和空调

炎热的夏天，当你打开冰箱门的时候，一

股凉气向你袭来，十分舒服。

那么总把冰箱门开着，屋子里是不是会凉快一些呢？

不会，过一段时间以后，屋子里会更热。道理很简单，冰箱不会产生冷气，冷藏室里的食物越来越冷的原因是由于不断地被吸热。冰箱的作用就是把从冷藏室里吸来的热送到冰箱后面的散热片上，通过散热片把热量散到空气里。冷藏室里的温度比室温要低好多，热量怎样从低温传到高温呢？这就要靠冰箱里的压缩机消耗一定的电能来完成。电能完成了这些热量搬运工作以后，就变成热能散失在空气中。

打开冰箱门以后，冰箱的作用是把热量从前面搬到后面的散热片上，这就像我们不停地把一些东西从屋子的这头搬到屋子的另一头一样。对整个屋子来说热量没有传到室外，温度不会下降。但是冰箱中的压缩机在搬运这些热量的时候，耗费了大量的电能，这些电能最后变成热能使屋子的温度上升。

空调虽然和电冰箱的原理一样，但是它的散热片安装在室外。使用空调的时候窗户都要关严，以免屋外向屋内传热。如果设法把电冰箱的散热片放在室外，当然也可以起到类似空调的作用。

登高望远

站在平原上极目远望，我们仿佛看到大地有一条边，这条边人们叫作"地平线"。地平线以外的树木、房屋和其他高大的物体，我们只能看到它们的上部。这是因为，地球是一个球体，远处物体的下部被弯曲的地面挡住了。

人所处的位置越高，眼睛看到的范围就越大。在平坦的田野上，一个中等身材的人能看到周围 5 千米以内的地方。骑马的人在马背上能看出去 6 千米。爬到距海面 20 米高的桅杆上的海员能看出去 16 千米。

人的视力有限，所以上面说的范围是指人的视野，要想看清楚远方的物体可以借助望远镜，但是超过这个范围，用望远镜也无济于事。

在 1 千米高空的飞行员，如果没有云雾，可以看出去 120 千米，再升高 1 倍可以看出去

160 千米。10 千米的高空可以看出去 380 千米；22 千米高可以看出去 560 千米。宇航员在 36000 千米高

的宇宙飞船上可以观察的范围是 18000 千米，大约是地球表面积的 1/3。3 个这样的通信卫星就可以把整个地球看全。当然这不是指用肉眼。

电视信号可以通过无线电的微波传送，微波是走直线的，不能绕到弯曲的地面那边。所以只有能"看"到电视台发射天线的地方才能收看到电视节目。这个"看"字是指从电视台发射天线的顶端到地球表面形成一个圆锥面，被这个圆锥面覆盖的地球表面上的电视机都能"看"到发射台的天线。在这个范围内的电视天线如果和电视台的发射天线之间有建筑物阻挡，也不会妨碍收看，电视台发射的微波可以通过建筑物的反射经过曲折的路径达到你的天线上。

如果你的天线在这个范围之外，由于地面的弯曲就收不到电视信号。为了能收到电视台

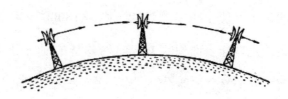

的节目，工程师们利用了类似古代烽火台传递消息的办法：每隔50千米建一个"微波接力站"，每一个微波接力站都可以看到前一个接力站的天线，把收到的信号放大转发到下一个接力站。这样，我们这个幅员辽阔的国家每一个角落都可以收看到中央电视台的节目了。

声光赛跑

你从远处看见过汽锤打桩吗？你有没有发现一个奇怪的现象：汽锤打在桩子上的时候，并没有听见敲击声，而当你看见锤子升起来的时候，却听到了声音。这是怎么回事？

如果你在汽锤连续打桩子的时候，向前或向后移动自己的位置，你将找到一个适当的位置，在这个位置上，你看见锤子敲在桩子上的时候，恰好也听见声音。等你离开这个位置，声音和动作又不一致了。

这个奇怪现象是因声速和光速的不同造成的。光的速度比声音的速度快近百万倍。光使你看见锤子打击桩子的动作，等到空气把敲击声传到你耳中的时候，锤子已经离开桩子了。如果你前进或后退一段距离，使声音通过这段距离的时间，正好等于两次敲击或几次敲击的间隔，那么，你就会在看到敲击动作的同时，也听见了声音。不过，你听到的声音并不是你看到的那次动作发出的，而是上一次动作或更早几次的动作发出的。

声音虽然比光传播得慢，但是声音可以通过液体和固体传播。潜水员在水底下也能够听到各种各样的杂音。人在河边走路的声音会吓跑游近岸边的鱼。

具有弹性的硬材料，如生铁、木材、骨头等传播声音的性能都很好。你把耳朵贴近原木的一端，让你的同学用指甲或小棍敲另一端，你能听到原木传过来的低沉的敲击声。如果周围很静，没有别的声音干扰，你甚至能听得见放在另一端的手表的嘀嗒声。铁轨、铁梁、生铁管甚至土壤都能很好地传播声音。耳朵贴到地面，可以听到远处的马蹄声。声波可以穿过物质，工程上常用声波来研究地质结构。

声音遇到松散的、柔软的、没有弹性的材料就传播得不好了，它们把声音吸收了。所以，为了不使声音传到隔壁房间去，人们通常都在门上挂一个厚门帘。隔音的门也往往蒙着一层很厚很软的材料。地毯、沙发、衣服等对声音也有良好的吸收作用。

头骨能传声

我们的头骨，也是传播声音的好材料。你想了解一下吗？用牙咬着闹钟上的提环，然后两手堵住耳朵，你可以非常清楚地听到摆轮来回摆动的声音。这声音是通过头骨传到你耳中的，它比通过空气传进耳朵的嘀嗒声响得多。

还有一个有趣的实验，可以证明固体能够传播声音。在一段小绳的中间拴一个金属汤匙，用两只手的食指分别把绳子的两头堵在两个耳朵眼上。你把汤匙摇来晃去，让它撞在桌边上。

这时候，你会听到一种低沉的轰鸣声，仿佛在你耳边敲起了大钟。

如果用录音机把你的说话声录下来，再放给你听，你会觉得不大像自己的声音，而别人却会说这就是你的声音。原因就是录音机录下来的声音全部是由空气传送的，而你平时听到的自己的说话声，除了有空气传送的一部分，还有头骨传送的一部分。

回　声

声音在前进的道路上，如果碰到障碍物，就会被反射回来。所以你常常能听到回声。

假定你站在一个开阔的地方，在你的正前方 55 米处有一幢房子。你拍一下手，声音跑了

55 米被房子反射回来，再传到你的耳中，这要经过多长的时间呢？

声音在空气中的速度大约是每秒 340 米，声音在 55 米的距离上一来一回共走了 110 米，所以大约需要 1/3 秒（110÷340≈1/3）声音再次传到你耳中。

你拍一下手，声音持续时间很短，还不到 1/3 秒。这就是说，在回声还没有到达之前，拍手声已经消失了，所以两者不会融合在一起，可以分别听得清。

我们平时说话，每一个字发声的时间一般不到 1/3 秒，所以站在离反射物 55 米的距离上，每次只说一个字，可以听清这个字的回声。如果在这个距离上每次说两个字，发声的时间超过了 1/3 秒，回声就会同你发出的第二个字融合在一起。

反射物要离多远，我们才能听清两个字的回声呢？这要看两个字的发声时间是多少。如果两个字的发声时间是 2/3 秒，那么，为了使回声和原声一点儿也不重合，必须大于 2/3 秒才行。声波在 2/3 秒的时间内约走 220 米，这就是说反射物至少要离开发声地点 110 米，也就是 220 米的一半。

在音乐厅里要仔细地考虑回声的影响。直接到达耳朵的声音和通过反射到达耳朵的声音时间上一般应不超过 1/20 秒。时间短了和长了都不好。如果墙壁都用软的吸声材料制作，没有回声，音乐就显得十分干瘪。只有设计合理才能听到雄厚丰满、悦耳动听的音乐。

瓶子做乐器

用普通的汽水玻璃瓶能做成两种乐器：一种是打击乐器，一种是吹奏乐器。

在两把椅子间，横放两根竹竿，上面竹竿挂8个普通的瓶子，下面竹竿挂7个相同的瓶子。自上而下，自左而右，第一个瓶子几乎装满水，第二个瓶子里的水比第一个瓶子略微少一点儿，挨着次序，一个比一个少一点儿，最后一个瓶子装的水就是最少的一个。

用干燥的木棍敲击瓶子，就会发出高低不同的声音。水越少的瓶子，发出的声音越高。仔细调整瓶子中的水量，就能使它们发出的声音组成两组八度音阶。

然后，就可以用这些乐器演奏一些简单的打击乐曲。

如果你不用木棍敲击瓶子，而把瓶子放在桌子上，用嘴对着瓶口吹气，瓶子会像螺号一样发出低沉的呜呜声。而且你会发现，瓶子里的水越少，发出的声音越低，瓶子里的水越多，发出的声音越高，正好和敲击瓶子发声的顺序相反。这是由于发声的原理不同。打击瓶子的时候，声音是由于玻璃瓶和水的振动产生的；而吹瓶子的时候，声音是玻璃瓶里的空气振动产生的。这就是吹奏乐器和打击乐器的区别。

变化的笛声

当一辆救护车从你身边飞驰而过的时候，如果你是一个细心的人，一定会发现，救护车发出的笛声在向你驶来的时候，声音很尖，经过你以后立即变得低沉，好像急救人员改变了笛声的音调一样。可是在你前面的人听到的笛声，仍然是非常尖锐的。

你可以做一个小实验来证明，人听到的音调其实和声源的运动有关。找一个口笛，例如足球裁判员用的那一种，玩具竹笛也可以。再找一个漏斗，刚好能把笛子插在漏斗上，并用一根绳子像下页图中那样拴好。找一个小朋友抓住绳子头，把笛子抡起来，你在一旁注意听

笛子音调的变化。

看看下页图你就会明白，为什么救护车向你驶来的时候，笛声音调会升高。救护车每发出一个声波后，就会向前移动，造成了两个波之间的距离变小，也就是波长变短。到达你耳朵的波越来越密集，因此音调变高。当救护车远离你的时候，过程正好相反，波与波之间的距离拉开了，使音调变低。

这个现象，最早是由奥地利物理学家多普勒发现的，所以叫多普勒效应。用这种效应可以方便地测量河水的流速，甚至可以测知遥远

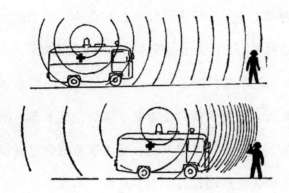

的星球是向着地球运动还是背着地球运动。

被自己的影子吓一跳

你想看点儿什么不平常的东西吗？

有人讲过这么一个故事。一天晚上，哥哥对弟弟说："走，跟我到隔壁屋里去。"

屋子里面是黑的。哥哥点了一支蜡烛，就一起进去了。弟弟刚一进屋就被吓了一跳，因为墙上有一个吓人的怪物在瞧着他。这个怪物是扁平的，像影子一样，它还冲他瞪眼呢！

他四面打量了一下，明白是怎么回事了。原来，屋里那面镜子上贴了张纸，纸上剪出眼睛、鼻子、嘴几个洞洞。哥哥端着蜡烛对着镜子照，光线通过几个洞洞从镜子上反射出来，恰恰投射到弟弟的影子上。

真没想到，他是被自己的影子吓了一大跳。

后来，他又跟自己的同学玩了这个把戏，才发现要把镜子的位置摆得正合适还不那么容

易。经过好几次练习，他才明白其中的道理。

光线是按照一定的规律从镜子上反射出去的，

这个规律就是：反射角等于入射角（通过入射

点作一条垂直于镜面的直线，叫法线，入射线

和法线的夹角叫入射角，反射线和法线的夹角

叫反射角）。运用这个规律，他才能成功地把

怪物的眼睛、鼻子、嘴搬到人影上去。

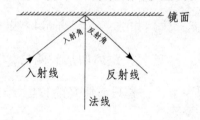

怎样测亮度

天黑以后，房间里就需要开灯。谁都知道，

离灯越远的地方，亮度越低。那么，亮度和距

离之间是什么关系呢？是不是距离增加 1 倍，亮度就减弱一半呢？

不是的。有人做过这样的实验：

点 1 支蜡烛，在距离蜡烛 1 米远的地方看报纸，还能够看清楚；把报纸移到 2 米远的地方，因为亮度减弱了，报纸上的字就看不太清楚。于是，他并排点起了 2 支蜡烛，可还是看不清；再增加 1 支，依然如故；直到点起 4 支以后，才算看清楚。这证明，距离增加到两倍，亮度不止是减弱一半，而是只有原来的 1/4。继续实验下去的结果还证明：要想在 3 倍距离上得到原来的亮度，必须点 3×3 即 9 支蜡烛；在 4 倍距离上，必须点 4×4 即 16 支蜡烛……从这里，我们可以找到亮度随距离而减弱的规律。这个规律用数学关系来表示，就是距离增大到 n 倍，亮度就减弱到原来的 $1/n^2$。顺便说一下，声音减弱的规律也是这样。

知道了这个规律，我们就可以利用它来比较两盏灯或任何两个光源的亮度了。比如说，你想知道手机上的手电筒光比一根普通的蜡烛亮多少倍，或者说，你想知道用几根普通的蜡烛才能得到手机上的手电筒光相同的亮度，就可以做这样一个实验。

把一部手机和一支蜡烛放在桌子的一头，在另一头垂直地竖起一张白色的卡片（可以用两本厚书把它夹住）。在卡片前面不远的地方垂直地竖一支铅笔。这时，铅笔在卡片上映出

两个影子：一个是亮度较大的手机上的手电筒光照出的；另一个是亮度较小的蜡烛照出的。这两个影子浓淡的程度不一样。你往前移动蜡烛，使两个影子的浓淡程度相同。再量一量手机和蜡烛到卡片的距离相差几倍，就能判断出手机上的手电筒光比蜡烛亮几倍。假定手机到卡片的距离是蜡烛到卡片距离的 3 倍，那么，它的亮度就是蜡烛亮度的 9 倍。

利用纸上的油点也可以测定亮度。

在纸的一面放一盏灯，从背着灯的一面看，油点是亮的；从迎着灯的一面看，油点是暗的。现在在纸的两侧，对称地各放一盏灯，两灯的连线通过油点垂直纸面。如果这两盏灯亮度不相等，那么从纸的两侧分别看去，油点的明暗程度也不相等。逐渐移动（注意移动的方向必须和纸面垂直）其中一盏灯，改变它和纸的距离，使油点从纸的两侧看来都差不多。然后分别量出两盏灯到油点的距离，进行上面说过的计算，就可以知道两盏灯的亮度相差多少了。

为了能够同时观察两侧油点的亮度，可在纸的一侧放一面镜子。怎么放？你自己会想出来的。

"透明"的手掌

用一只手遮住眼睛，眼睛就什么也看不见了。下面我教你一个办法，使你的眼睛能"透"过手掌看见远处的东西。

左手拿一个用纸卷的圆筒，把它对着左眼，两只眼睛同时向远处看去。然后，举起你的右

手，掌心向里，放在右眼的正前方（距离右眼大约15厘米～20厘米处）。这时候，你会觉得手掌上有一个圆洞，你的眼睛通过这个圆洞能看到远处的景物。

这是怎么回事？

原来，人的两只眼睛从来都是协调工作的，大脑把两只眼睛传来的信息综合成一个完整的形象。两只眼睛的调节也是一致的，要看远处就都看远处，要看近处就都看近处，不可能一只眼睛看远处，一只眼睛看近处。当你的两只眼睛都做好准备向远处望的时候，两只眼睛都针对远处的目标做了适当的调节。当你用手遮住右眼之后，左眼通过纸筒仍然看着远处目标，得到清晰的影像；而右眼由于也对准远处，所以近处的手掌看上去有点儿模糊。当大脑把两只眼睛所得到的影像综合起来的时候，左眼清晰的影像占了上风，而右眼获得的模糊的手掌的影像成为一个不清楚的背景。于是，你觉得你的眼睛能穿过手掌透视东西。

当你想准确地判断一个物体的前后距离的时候，就必须同时使用两只眼睛。不信你可以试着闭上一只眼睛把衣架挂在铁丝上，你会发现这件简单的事情竟不容易做到。两只眼睛之间的距离6厘米～7厘米，所以在同时观察一个东西的时候，看到的两个像稍微有些不同，一只眼睛对右边多看了一点儿，另一只眼睛对左边多看了一点儿。两个略有差别的像同时传到大脑中，经过大脑的加工处理，就可以形成一个完整的主体物像，并能判断物体的距离。

从望远镜里看渔船

你站在海边，用望远镜看一条正向岸边驶来的渔船。望远镜的倍数是 3 倍（就是说，通过它看见的东西都移近了 3 倍）。那么，从望远镜里看，渔船向岸靠近的速度，是不是也快了 3 倍呢？

假定渔船距离你有 600 米，从 3 倍的望远镜里看到的渔船移近了 3 倍，相当于在 200 米的大小。如果渔船每分钟向岸边移近 300 米，1 分钟以后，渔船距你为 300 米，在望远镜里看渔船的大小相当于在 100 米处。所以，一直用望远镜观察渔船的人，觉得渔船在 1 分钟内由 200 米处驶到 100 米处，仅仅走了 100 米。

所以，从望远镜里看，渔船向岸边靠近的速度，非但没有扩大 3 倍，反而缩小到 1/3。而且这个缩小的比例正好和望远镜放大的比例相同。

如果把望远镜反着用，你会发现东西都变小了。如果正着使用望远镜，看到的东西移近了 3 倍，那么反着使用望远镜，看到的东西就移远了 3 倍，所以显得小一些。你也许会想没有人会这样使用望远镜的。

有的问题反过来想想也是很有意思的。现在许多家庭门上都装有门镜，门镜的原理基本上就是反着看的望远镜。安装门镜是为了在门内看到外面较大范围内的东西或人。如果一件大东西离你的眼睛很近，东西看上去很大，但是看到的范围很小；如果一件东西离你远一些，看上去小了，但可以看到它的整体。望远镜反着用看见的东西都变小了（相当于移远了），但是可以观察到的范围加大了，这正是我们所要求的。

你不必担心外面的人通过门镜看见屋内的东西，因为对于外面的人来说，这相当于一个没有调好距离的望远镜，一切东西都是模糊一片，所以什么也看不清楚。

望远镜能当显微镜用吗？

望远镜和显微镜都是由两片透镜组成的，构造差不多。那么把望远镜挨近一个小东西能不能当显微镜用呢？

这样做不行！

虽然望远镜（指天文望远镜）和显微镜都

是由两片凸透镜构成的，但由于用途不同，光路并不完全一样，选用的镜片焦距、镜筒的长度也不一样。

望远镜是把东西移近而不是放大。远处的山因为远而看不清楚，而不是由于小；显微镜是看小东西的。这些小东西太小了，放近了也看不见，必须尽量地放大。仔细观察一下，望远镜的物镜口径大，比较扁平；而显微镜的物镜很凸，像一个玻璃球一样。东西离望远镜近了就什么也看不清，而小东西离显微镜远了也看不清楚。所以做不成两种都能通用的光学仪器。

画面能变的图片

正面看是一只可爱的小白兔，侧面看却是一只凶猛的大老虎。一张画片上怎么会有两幅图？看这一幅画的时候，那一幅画上哪儿去了？

每个小朋友得到这样一张能改变画面的图片都会爱不释手，转来转去地看。有的文具尺上也有这样的画。

你想知道它的秘密吗？那就自己动手研究一下吧！

这种图片都是被一层透明的塑料膜覆盖着的，用手摸一摸塑料膜凹凸不平。沿着画片的边缘用刀切下一小条，用放大镜仔细看看，就会发现这一小条塑料膜的表面像瓦棱似的，一个半圆形紧挨着另一个半圆形。再小心地撕去画片背面的白纸，就会发现兔子和老虎是重叠地印在一起的。这就是全部秘密。但是要弄清它的道理还需要一点儿光学知识。

瓦棱状的塑料膜相当于一排排凸透镜，凸透镜有折光作用，它能把从一个方向射来的光折向另一个方向。利用这种方法就能把重叠在一起的两幅画分开。

下面让我们自己动手来做一个能变画的图片。找一根 1 毫米左右粗的透明钓鱼线，剪成 3 厘米长一段，剪个十几段，排成一排放在下面的插图上，让钓鱼线和插图中的单横线平行。这样做后你就会发现，从一个角度上看是一个 A 字，而从另一个角度看则是一个 V 字。插图中 A 字和 V 字是

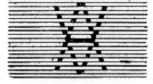

这样画上去的：先把这幅图画分为许多 1 毫米宽的细格，再把这些细格分为两组，单数组和双数组，然后在单数组上写上 A 字，双数组上写上 V 字，从整体上看两个字是重叠的，实际上它们并不重叠。透明钓鱼线起了凸透镜的作用，把单数格里的图画折向一个方向，把双数格里的图画折向另一个方向，这样两幅图画互不干扰。兔子和老虎的画面就是用这种方法制成的。

黑的能比白的亮吗？

在一般人的印象中，黑的东西一定暗，白的东西一定亮。可是，如果我问你，在太阳光下的黑丝绒和在月光下的白雪相比较，哪一个看上去更亮呢？

这个问题就不好回答了，因为一个物体表面的亮暗程度要由它对入射光反射的强弱来决定。黑色物体的表面总不可能把照在它上面的光全部吸收掉，就连最黑的煤烟也能反射百分之一二的入射光。

下面让我们进行一点儿简单的计算：太阳光照在地球上的亮度比月亮强 40 万倍。因此，黑丝绒即使只反射百分之一的日光，也要比白雪反射的百分之百的月光强几千倍。换句话说，日光下的黑丝绒要比月光下的白雪亮许多倍。

如果一个物体完全不反射光，才是世界上最黑最暗的东西。有没有这样的东西呢？一个洞口就可以认为是一个不反

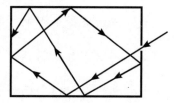

射光的东西，所以洞口看上去总是黑黢（qū）黢的。找一个装皮鞋的鞋盒，把四周糊严，在盒的一端开一个拇指粗的洞口，这个洞口就会比黑丝绒要黑。因为光线从这个洞口射进去，在盒的内壁反射过来又反射回去，但很难再从洞口反射出来。科学家把类似鞋盒这样的物体叫作"绝对黑体"。如果是一个很理想的"绝对黑体"，在日光下也许会比月光下的白雪暗。

雪为什么是白色的？

你也许看过冰雕或冰灯，透明的冰雕像水晶一样使人置身于神话般的世界。冰和雪密切相连，用放大镜观察雪花，雪花是由透明的冰晶组成的。可是雪为什么那么洁白，一点儿也不透明呢?

夏天吃刨冰的时候,你可以亲眼看到冰是如何转变成雪的。刨冰机的刨刀在一大块冰上迅速地旋转,削出一大堆白花花的冰屑。用一个玻璃杯盛上,再浇上彩色的果汁,可真漂亮。

透明的东西变成碎屑都会呈现白色。你注意过拍击在岸边的浪花了吗?在研钵里把玻璃研成碎屑也是白色的。

从透明到白色不透明的转变是光线耍的把戏。原来,细小的透明冰屑有许许多多的棱角。光线在每一个棱角上发生折射,大部分的光线不能顺利地透过去,有的光线经过曲折的路径又回到人眼睛中,所以看上去是白色。浴室门窗上装的毛玻璃或压花玻璃不透明也是这个道理。

如果你把雪装在一个大口玻璃瓶里,少倒一点儿水,这些水并不能够把雪融化,但是能把雪花内冰屑之间的空隙填满。这时候，雪就由白色转变成透明的。

透明的能变成不透明的，不透明的又能变成透明的，真是有趣。我还可以告诉你，锃亮的东西也可以变成黑的。一个新的铝锅，表面锃亮。但是当你用砂纸从上面擦下一些铝屑，放在手指上一捻，竟是黑的。有着银亮金属光泽的铝怎么变成黑的了呢？

这种事并不稀奇，相片底片上的黑色就是由细小的银粒组成的。把银的化合物涂在透明胶片上就制成胶卷。照相的时候，底片感光，光越强析出的银粒就越多，底片就越黑。

原因是金属小颗粒和小冰晶不一样，它们只能反射光线。小颗粒的分布是非常混乱的，所以不能像镜面一样把入射光线定向地反射回去。入射光线进到金属小颗粒堆中，就像进了

"迷魂阵"，从一个小颗粒反射到另一个上去，这样反射过来又反射回去，光线越来越弱，很少能按入射方向返回去。因此看上去是黑色的。

把铝粉掺在透明的漆里刷在物体表面，黑色的粉末又会闪现出金属的光泽。

皮鞋发亮的秘密

皮鞋只擦上鞋油并不发亮，只有用鞋刷或旧布反复打磨以后，才能打得锃亮。擦自行车的时候也是这样。人人都知道这样做，但这是为什么，对不少人说来是一个谜。

为了解开这个谜，首先要弄清楚光亮面同粗糙面有什么区别。人们通常认为，光亮的表面一定是平滑的，不光亮的表面则是粗糙的。实际上，绝对平滑的表面是没有的。即使磨得又平又光的表面，放在显微镜底下观察，也是坑坑洼洼的。

光亮和粗糙是相对的，正如我们走在柏油马路上，对我们来说，这条马路已经是非常平整了，但是对一只小蚂蚁来说，这条马路就跟起伏的丘陵地一样。一束光"看"一个表面是不是平整，是以它的光波波长为标准的。如果表面的坑洼程度小于投射光的波长，光线就能向一个方向反射。这样的表面就能像镜子一样映出影像，而且发亮，我们叫它"光面"。如果坑洼不平的地方大于光波波长，射在上面的光线就会向四面八方散开，这样的表面就叫"糙面"。

光波的波长是一个非常小的数，不同颜色

的光波波长不一样，可见光的平均波长在万分之五毫米，如果物体表面的坑洼小于这个尺寸，它就是光面。

还是回过头来说皮鞋发亮的问题吧！擦好的皮鞋为什么发亮？

没上鞋油的皮鞋表面凹凸不平，这些不平的地方比可见光的波长大得多，因此看上去是粗糙的，不发亮。涂在粗糙表面的鞋油经过反复打磨以后，把缝隙填平，当鞋面上的坑洼都小于可见光的波长的时候，粗糙的表面就变成光面了。这就是皮鞋发亮的秘密。

花色的变幻

透过彩色玻璃纸看世界是非常有趣的，透

过几层红玻璃纸看，一切似乎都变成红的，透过绿色的玻璃纸，就看到一个绿色的世界。

其实，颜色的变化并不是那么简单，有一位物理学家兼画家，曾透过各种有色的镜片细致地观察各种花，看到的结果有些却是意想不到的：

——透过红色镜片观察花坛，我们可以看到，像天竺葵这样纯红的花白得发亮，绿色的叶子完全是黑的；乌头青紫色的小花变黑了，和变黑的叶子混在一起，几乎找不到；而那些黄色的、玫瑰色的、淡紫色的花朵都不如原来鲜艳了。

——透过一块绿色镜片，看到绿叶更鲜亮了；黄花和淡蓝色的花稍微有点儿发白；红花是墨黑的；淡紫色和粉红的花变成灰色的。

——透过蓝色镜片看，红花、黄花变成了

黑色；白花更加明亮；浅蓝和湖蓝的花几乎和白花一样鲜亮。

花的颜色为什么发生了变化？这得从物体的颜色说起。

我们知道白色的阳光是由七种颜色组成的。在阳光下，物体如果呈现红色，是由于这个物体反射红光把其他颜色的光吸收了所造成的。如果一个物体表面反射绿光就呈现绿色。彩色玻璃片又叫滤色片，它只让一种颜色的光通过。绿色镜片只允许绿光通过，其他颜色的光被挡住（实际上是被吸收了）；红花反射出的大部分是红光，红光不能透过绿色的镜片，因此透过绿色的玻璃片看到的红花是黑色的。但是通过绿色的玻璃片看绿叶，绿叶变得更鲜亮了。这是由于绿色的光全部通过来，所以和其他颜色的相比就显得特别鲜亮。利用这个原理可以解释上面花颜色的变化。

摄影的时候，为了拍下蓝天上的白云，常常在镜头前面加一个黄色的玻璃片，是什么道理呢？

原因是，蓝天和白云都发出明亮的光，在底片上强烈感光，印出的照片上天空背景是一片灰白，分不出是云还是蓝天。加上黄色的镜片以后，蓝色的天空变暗了，因为大量的蓝光被挡住，白云却暗得不多，所以在蓝天的背景上白云显得很突出。

红灯——停车的命令

疾驰的火车如果发现前面有一盏红色的信号灯，无论在什么情况下，司机都要立即把车

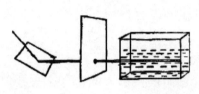

停下来。为什么规定用红灯作为停车的命令呢？

你也许会认为红色最鲜艳，人的眼睛对红色最敏感。这可以算是一个原因，还有一个更重要的原因是红光在空气中的穿透能力强，传得远。

用一个长方形的槽或一个鱼缸做一个简单的实验可以证明这一点：在水槽里注入一点儿牛奶，搅拌均匀使水混浊。在一个适当的角度放置一面镜子，利用镜子来反射阳光，使阳光通过纸片上的一个圆孔水平地穿过水槽。迎着光束观察，你会发现，光的颜色变成橘红色。这说明，悬在水里的小牛奶滴把阳光里其他颜色的光散射掉了，只余下橘红色的光穿过来。

空气中弥漫着大量细小的灰尘，对光有一

定的阻挡作用。但是对波长不同的光阻挡的情况不同。在七色光中，红光的波长最长，所以它们很容易"绕过"这些微尘而不发生散射；而波长短的蓝光和紫光则容易发生散射而减弱。上面的实验中，你从侧面看光束是浅蓝色的，就是这个原因。太阳落山的时候，我们看到火红的太阳，也是这个道理。太阳在落山时，光线穿过厚厚的大气层，失去了大部分的蓝绿光，只剩下橘红色的光。

比红光的波长更长的光线，叫作红外线。这种光线更容易穿过大气层，不过肉眼看不见，只能通过仪器看到它。通过红外线可以"看"到其他行星表面的情况。天文学家用红外线望远镜可以知道关于这些行星表面的更多事情。

磁力船

如果你有一块磁铁，你就可以做一些有趣的实验。

首先你可以做一个指南针。找一根大的缝衣针在磁铁的一个极上摩擦。注意，不要来回摩擦，而要始终从针的一端开始，摩擦到头后，把缝衣针从磁铁上提起来，再从头摩擦起。摩擦二十几下后，一根磁针就做成了。它可以吸引起其他的针。

把这根针涂上一点儿油，在水面上放一张吸水的纸，把针轻轻地放在纸上。等这张纸完全湿透以后，轻轻按下纸的四个角，使纸慢慢沉入水中，使针浮在水面上，就成为地道的指南针了。也可以在针上穿过一根细细的麦秆，让它漂在水面上。针的一头向南，一头向北，轻轻地拨动它，等针停止摆动后，还是一头朝南，一头朝北。古人用这种简易的指南针在航海时指引航向。

如果把这根磁针藏在折好的一个小纸船的船底上，就做成了一个磁力船。把船儿放在盛水的盆中（不要用铁盆），用手中的磁铁（也可以用小铁块）就可以控制小船的运动。

磁铁和磁针同性相斥、异性相吸。如果磁铁的一极靠近磁针极性相同的一极，小船就会不停地在水中打转。

头发上的雷电

从这一篇起，我们来做一些有趣的电学实

验。你会发现在你的周围充满了电现象，只要你留心就可以获得许多知识。

做这些实验要注意一个条件，天气要干燥，屋子也要干燥。一年中，冬季和春季是最干燥的，所以这些实验最好在这些时间段来做。

冬季，在暖烘烘而又静悄悄的屋子里，你用塑料梳子梳非常干净的干燥的头发，一定会听到头发上有轻微的"噼啪"声，头发随着梳子飘舞。在黑暗的屋子里，从镜子里还可以看到你头发上有很小的火花。

这些火花是哪里来的？它们是正电和负电发生中和时产生的，物理学上叫作火花放电。那"噼啪"声就是放电时发出的声音。这和夏季天空上电闪雷鸣是同一类现象。

电是从哪里来的？

原来，一切物质都是由带正电的原子核和

核外带负电的电子组成的。一般情况下，一个物体所带的正负电相等，彼此中和，电的性质并不显示出来。当两个物体互相摩擦的时候，带负电的电子容易从一个物体跑到另一个物体上去。失去一部分电子的物体就带正电，有多余电子的物体就带负电。梳子和头发摩擦的时候，就发生了这种电子转移的过程，梳子和头发分别带上了异种电。

我们知道，同种电荷相互排斥，异种电荷相互吸引。当带正电的物体和带负电的物体靠近到一定程度的时候，正负电荷由于强大的吸引力会穿过空气的阻碍中和在一起，产生火花和声音。

摩擦起电

用摩擦的方法使物体带电叫作摩擦起电。

上个实验告诉我们，梳子和头发摩擦能够起电。其实能够摩擦起电的东西很多。从原理上讲随便用哪两种物体摩擦都能够起电，而且两种物质会分别带上性质不同的电。只是有的东西在一起摩擦特别容易起电，有的带电很弱。

物理学中规定，用丝绸摩擦玻璃棒，玻璃棒带的是正电；用毛皮摩擦橡胶棒，橡胶棒带的是负电。同种电荷相互排斥，异种电荷相互吸引。利用两个气球可以观察到这种排斥和吸引现象。

把两个气球吹鼓，用棉线系好，吊起来。

用一件干燥的羊毛衫分别摩擦它们，使它们带电以后，你会发现两个气球互相排斥。

换一个方法再做这个实验：用羊毛衫摩擦一只气球，用腈纶线衣去摩擦另一只，结果两只气球就会互相吸引贴在一起。

相互排斥说明两只气球带上的电荷是同种电荷；相互吸引说明两个气球带的是异种电荷。由此看来，同一种物质和不同的物质摩擦时，带电的种类可以不同。

自己做一个验电器

物体带电不带电，单用眼睛是看不出来的，需要一个仪器来帮助检查。这个仪器叫作验电器，它的构造并不复杂，自己动手就能做一个。

找一个干燥的玻璃瓶，瓶口放一个软木塞或硬纸板做的盖子。在盖子的中间插上一根粗铜丝，一头露出来，一头伸到瓶子里，并在底端弯一个小圆圈，在小圆圈上用蜡固定两小片铝箔（用锡纸也行）。这两片铝箔就是用来指示物体是否带电的。

现在，验电器做成了。摩擦一下塑料梳子，然后把它和露在瓶口的铜丝接触一下，如果梳子带电，电会通过铜丝传到瓶内的两片铝箔上，使它们同时带了同种电荷。由于同性相斥，所以铝箔要张开。如果这个物体没有带电，两片铝箔自然下垂，是合着的。

利用验电器还可以检验带电体带上去的电荷种类。用丝绸摩擦玻璃棒，玻璃棒带正电。把玻璃棒和验电器上的铜丝接触，铝箔张开，验电器上带正电。

现在有一个带电体不知道带有什么种类的电荷，让它靠近验电器的铜丝（不要接触上），如果铝箔张的角度增大，说明被检验的带电体和验电器带的电是同一种；铝箔张角变小，说明是不同种电。

还可以做一个更简单的验电器。在软木瓶塞上横着插一根大头针，针上挂一条对折着的锡纸。用带电体一碰大头针，本来合着的锡纸就会张开。这种验电器的灵敏度当然要差一些。

作用和反作用

梳过头发的塑料梳子，由于带电而吸引小纸片。如果我反过来说，纸片吸引了带电的梳子，你一定会认为我说反了，有点儿本末倒置。

带电的东西可以吸引不带电的东西，不带电的东西能吸引带电的东西吗？

其实吸引永远是相互的，不存在单方面的吸引力。电的吸引力是这样，地球的吸引力也是这样。地球吸引月亮，月亮也吸引地球；地球吸引你，你也同样在吸引地球。物理学告诉我们，任何作用力都是成对出现的。例如，你使劲压桌子，桌子也用同样的力"回敬"你。梳子带电后吸引纸屑，那么，它本身也同时被纸屑吸引。

　　把一个用羊毛衫摩擦过的气球吊起来。随便用什么东西去靠近它，气球都会被吸引过来，甚至你的手指都能把气球吸得转来转去。

　　通过电的实验，我们对自然界的一个普通规律有了更深刻的认识。这就是，一个物体施一个力作用于另一个物体，它一定会同时受到另一个物体的反作用力，作用力和反作用力大小相等而方向相反。在自然界中，不存在只给别的物体作用力而不受反作用力的现象。

电"喜欢"待在表面

　　利用下面这个自制的"仪器"，可以观察到电的一个有趣而重要的特点：电总是聚集在

带电体的表面，尤其是
在带电体突出的部位上。

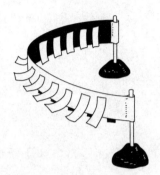

剪一张纸条。在纸
条的两面都贴上几张用
锡纸剪成的小纸片，把
纸条的两头各粘在一根小木棍上，再把它们分
别用橡皮泥固定立在桌面上。

现在可以用这个 "仪器" 做实验了。在以
下三种情况下，用摩擦带电的梳子和纸条接
触：一、把纸条抻直，用带电的梳子和它接
触。这时候，纸条两面贴着的锡纸片都翘起
来，这说明纸条的两面都带电了。二、改变一
下小木棍的位置，使纸条变成弧形。再用带了
电的梳子去接触一下纸条。这时候，你看，只
有向外凸的那一面的锡纸片翘起来，而凹进去
的那一面，锡纸片仍然下垂着，没有带电。

三、把纸条弯成"S"形再试一下，你会看到，电也是只存在于纸条凸出的部位上。

著名的科学家法拉第为了证明电的这个特点，曾把自己关在一个金属网里，金属网外面一个高压带电体不断地像打闪一样地放电，放电时还像打雷一样发着声音。可是法拉第在金属网里十分安全，一点儿异样的感觉都没有。这个实验对于说明电聚集在金属网的外表面是很有说服力的。

遇到雷雨天气，待在汽车里是最安全的。车门和车窗一定要关紧，使车内形成一个全封闭的状态。汽车是金属的，里面没有电，不会遭到雷击。

用一张报纸做实验

用一张报纸可以做好几个有趣的物理实验，而且主要是做电学方面的实验。

一位小朋友在他的哥哥带领下，做了这些实验，学到不少知识，留下了深刻的印象。

现在，请你看看这位小朋友的叙述。你看了他的叙述，很可能也想做做这些实验呢！

用眼睛看还是用"脑袋"看？

一天中午，哥哥对我说："白天把作业做好，晚上和你做一个电学实验。"

"又要做新实验了，真好！"我高兴地说，"最好现在就做。"

"不行！只能晚上做。现在我要出去办件事。"

"是拿仪器去吗？"

"什么仪器？"

"电学实验的仪器呀！"

"仪器已经有了，在我的书包里，不过，你可别去乱翻。你什么也找不着，只会给我翻得乱七八糟。"哥哥出门了，装着仪器的书包就放在桌子上。我看着书包，心里老在想：书包里到底有什么仪器呀？干吗不让我看一看？

我想了又想，最后还是憋不住，把书包打开了。里面只有一个纸包，用手一捏就知道，不过是几本书。

我感到很失望，呆呆地坐着。

不一会儿，哥哥回来了，一看我那样子，他马上就明白了。

"怎么？你好像翻过书包吧？"哥哥问道。

"仪器倒是在哪儿呢？"

"我说过，在书包里呀，没看见吗？"

"骗人！书包里光是书！"

"仪器也在嘛，为什么看不见？你是用什么看的？"

"那还用问，用眼睛看呗！"

"毛病就出在你光用眼睛看。要用整个脑袋看才行。"

"瞎说！用脑袋怎么看呀？"

"用脑袋看跟用眼睛看不一样，现在就来教教你。"

哥哥掏出铅笔，在纸上画了一个图，问我："你看，双线表示铁路，单线表示公路。你看哪条铁路长，是 1 到 2 长，还是 1 到 3 长？"

"当然是 1 到 3 长了。"

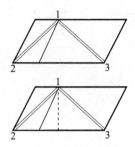

"你这是用眼睛看的。再用整个脑袋看一看。"

"怎么看呀？我不会。"

"假定我们从 1 点向下边的公路 2-3 画一条垂直线（哥哥一边说，一边在图上添了一条虚线），它把公路分成两段。这两段是怎么样的呢？"

"相等的。"

"相等的。这就是说，虚线上的任何一点到 2 和 3 两点的距离都相等，对吗？现在你说 1 点离 2 点和 3 点哪个近？"

"现在看清楚啦，距离都一样。可是刚才怎么觉得右边的铁路比左边的长呢？"

"刚才你是用眼睛看的，现在是用脑袋看的。懂了吗？"

"懂了。可是仪器在哪儿呢？"

"什么仪器？噢，电学实验的仪器呀！在书包里。你没用脑袋看当然看不见。"

他从书包里把纸包拿了出来，打开那张包书的报纸递给我，说："看，这就是我们要用的仪器。"我疑惑地看着报纸，一点儿也不明白。

"你以为这就是一张报纸吗？"哥哥问，"对眼睛来说，这是一张报纸；对肯用脑袋看的人来说，它就是一个物理仪器。"

"我不信！你用报纸能做物理实验？"

"你把报纸拿起来，觉得很轻很轻，你以为随便什么时候，用一个指头就能把它挑起来，对不对？不过，一会儿你就会看到，它会变得很重很重呢。你把那把尺子递给我。"

"尺子上有好多豁口，不能用了。"

"那更好，断了就不可惜了。"

哥哥把尺子放到桌上，让尺子的一头搭在

桌沿外边。

"你按按露在桌沿外边这一头，会很容易把它翘起来，对吗？等我盖上报纸你再试试。"

他把报纸铺开，抚平纸折，然后盖在尺子上。

"你拿根棍子照着露出来的一头打一下，飞快地、狠狠地打一下。"

"尺子一定会跳起来，报纸也会被捅破。"

"那可不一定！使劲打吧！"

结果出乎意料："啪"的一声，尺子断了，报纸倒太平无事，仍然盖着尺子剩下的那一截。

"你看，报纸比你想的要重得多吧？"哥哥狡黠地眨眨眼睛。

我茫然地瞧瞧断成两截的尺子，又问哥哥：

"这也算电学实验吗？"

"是力学实验，不是电学实验。一会儿就要做电学实验。我是想告诉你，一张报纸也能变成实验仪器。"

"我把报纸从桌上揭起来，一点儿也不费劲，为什么使劲打尺子，尺子却不能把报纸挑起来呢？"

"要你弄明白的就是这个问题。空气对报纸有压力，而且很不小呢！每平方厘米报纸受到的空气压力足有 1 千克重。一张报纸的面积是 4290 平方厘米，它所受到的空气压力就有 4290 千克重。假如你慢慢地按尺子的一头，使它的另一头向上翘，空气就会钻到报纸下面，使报纸上下两面的压力平衡，就可以很容易地把报纸挑起来。现在你打得很快，空气来不及钻到报纸下面，所以这时候你要挑起的，不仅仅是一张报纸，而是报纸加上它上面的空气压力。这么大的分量，一把尺子怎么受得了，它还能不断吗？现在，你该相信用报纸也能做物理实验了吧。等天黑以后，咱们再来做电学实验。"

手指上的火花

晚上，哥哥动手做电学实验了。

实验仪器还是一张报纸。他先把报纸放在火炉周围烘烤，一边烤一边说："做这个实验，报纸一定要完全干燥。报纸会从空气里吸收水分，所以总是有点儿潮，不烤一烤就会影响实验效果。不过也要注意，别把报纸烤煳了。"

然后，哥哥就把报纸铺在光滑、平整、干燥的门板上，用刷衣服的刷子从上到下来回刷它。刷了一阵，他把两只手都放了下来。

我以为报纸会滑下来，可是它却一动不动，就像用胶水贴上去的一样。

"怎么回事？不是没抹胶水吗？"我问哥哥。

"它被电吸住了。现在，它已经带电了。"

"哦！原来你书包里的报纸是带电的，你怎么不早说呢？"

"那时候它还没带电呢。刚才我当着你的面来回刷它，它就带上了电。这种现象在物理学上叫作摩擦起电。"

"好！这可真是电学实验了！"

"别着急！这才是开头。现在，你把灯关上。"光线变暗了，我只能模模糊糊地看到哥哥身体的轮廓。

"注意我的手！"

我隐隐约约地看到，哥哥揭下报纸，一只手拎着，另一只手伸开五指靠近了报纸。

这时，我几乎不相信自己的眼睛了。哥哥的手指缝里冒出火花来了，还是蓝白色的。

哥哥说："这是电火花! 你想自己试试吗?"

我可不敢，急忙把手藏到背后。

哥哥又把报纸贴到门板上去刷，然后，手指中又冒出了长长的火花。我注意到他的手指根本没挨着报纸，离报纸大约还有 5 厘米～6 厘米呢。

"试试吧，别害怕。一点儿都不疼。把手伸过来。"他抓住我的手，把我拉到报纸跟前，说，"把手指伸开! ……怎么样? 不疼吧!"

还没等我搞清是怎么回事，我的手指上已经冒出一束淡蓝色的火花了。在火花的亮光中，我看到哥哥只把报纸揭起了一半，报纸的下半截还附着在门板上。在看到火花的同时，我觉得手上被轻轻刺了一下，但是一点儿也不疼。

哥哥又把报纸整个铺在门板上，直接用手在报纸上抹来抹去。

"干吗不用刷子了？"

"手如果是干的，也可以不使刷子，只要摩擦就行。"

果然，用手摩擦效果也一样。

哥哥说："现在我让你看看电的流动吧！来，给我一把剪刀！"

哥哥把张着口的剪刀尖凑近了一半贴在门板上的报纸。这一回，我看到了一个新的现象：从剪刀尖那里冒出来一些蓝中带红的短线，同时发出轻微的"哧哧"声。

哥哥说："古时候，帆船在海上航行的时候，船员们经常在桅杆顶上看到这种火花。当然，那火花比剪刀尖上的火花大得多了。"

"它是从哪儿来的？"

"你是想问谁在桅杆上拿着带电的报纸吧？桅杆顶上并没有带电的报纸，可是有时候却有带电的云彩。云彩离桅杆顶比较近的时候，就会产生火花。不光海上有这种火花，有时候，山里也有这种火花。这种火花甚至会出现在人的头发和耳朵上。"

"这种火花烫人吗？"

"不烫人，因为这不是火。这是一种发光现象，而且发的是冷光，连火柴也点不着。不信，你看！"

哥哥用一根火柴代替剪刀，把刚才的实验又做了一遍。我看到，火柴头上产生了一圈电火花。

"哥哥，火柴头着过了。""把灯打开仔细看看。"真的，火柴头并没有烧焦，火花果然是冷的。检查过火柴头，我刚要关灯，哥哥说："不要关灯。下一个实验在灯光下做。"

他把一张椅子摆到房间正中，又把一根长棍横搭在椅背上。试了几次，他就找到了可以平衡的一点。

哥哥说："不许触动长棍，你能不能让长棍向你这边转？"

我想了一下，说："有了！用绳子套住棍子的一头，一拉就行了。"

"不能用绳子，也不能用任何东西去碰它。"

我又想了一个办法：把脸凑近长棍，使劲吸气，想把长棍吸过来。可是长棍纹丝不动。

"怎么样？"

"不行，办不到！"

"还是叫电来帮忙吧！"

哥哥把一直在门板上贴着的报纸揭下来，拿着它慢慢凑近长棍的时候，长棍就感到了带电体的吸引力，顺从地转动着，直到报纸上的电全部流失到空气中才停止。

做完了这个实验，哥哥说："今天晚上就做到这里吧！明天晚上继续做，实验仪器还是这张报纸。"

要是你也想做这些实验，可是你家里没有合适的门板，那么就用平整的桌面来代替也行。重要的条件是干燥，所有的实验用具都必须是干燥的，还要选择干燥的天气，最好是冬天。做每一个实验以前都要烘烤一下报纸，才能得到良好的实验效果。

听话的小纸人

哥哥没有失信。第二天，天一黑，他又动手做实验了。头一件事仍然是使报纸带电以后附着在门板上。然后，他向我要了一张比报纸厚一点儿的纸，剪了一些姿势不同的小纸人。

"一会儿要让这些小纸人跳舞了。现在你拿些大头钉来。"

他在每个小纸人的脚上都别了一根大头钉，并且把它们平放在一个金属托盘里。哥哥说："这是为了使小纸人不被报纸扇跑。现在节目开始！"

他从门板上把报纸揭下来，两只手托着报纸从上面凑近了托盘。

"起立！"哥哥喊了口令。

小纸人听到口令，都站起来了。等哥哥把报纸挪开一点儿才又躺下去。哥哥可没让它们多休息，他把报纸一会儿凑近，一会儿挪开，小纸人们也只好站一会儿，躺一会儿。

"我如果不拿大头钉把它们坠住，它们就会跳起来，贴到报纸上。"哥哥把几个小纸人脚上的大头钉拔掉。"你看，它们立刻就离开托盘了。这就是电的吸力。现在再来做一个实验，看看电的排斥力。你把剪刀拿给我！"

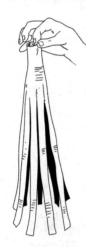

哥哥把报纸又"贴"到门板上，从下往上剪了十几个窄条，每一条都不剪到头，使它们的上部仍然连着，好像纸胡子。哥哥一只手按着纸胡子上部，又用刷子把纸条刷了几下，然后把它从门板上取下来，手捏着报纸的上部，把它围成圆圈。

奇怪的是，这些纸条不是垂直往下，而是向四周散开，像一条裙子。

哥哥说："每个纸条都带了同样性质的

电，所以它们互相排斥。现在，你把手从下边伸到这些纸条里，看看有什么变化。"

我蹲下来，想把手伸到纸条围成的圆圈中去。可是办不到，因为纸条像蛇似的把我的手缠住了。

"你不害怕这些蛇吗？"哥哥问。

"不害怕，它们是纸的呀！"

"我可害怕。你看我被吓成什么样子啦！"说着，哥哥把报纸举到自己头上，我看到他的头发都竖起来了。

哥哥说："报纸使我的头发带了电，头发被报纸吸起来，而头发又互相排斥，就同那个纸胡子一样。你拿个镜子来，我让你看看你自己的头发也会这样。"

"不疼吗？"

"一点儿不疼！连痒都不痒！"

小闪电和巨人吹气

第三天晚上，继续做实验。

哥哥拿来三个玻璃杯，先在炉子旁烤了烤，然后摆在桌上；又把一个大的金属托盘烤了烤，放在杯子上面。

"这是干什么呀？"我好奇地问，"应该是杯子放在托盘上面，干吗把托盘放在杯子上面呀？"

"别着急，等一会儿你就明白了，我要做一个小闪电的实验。"

哥哥又发动了他的"电的机器"——在门板上刷他那张报纸了。刷完以后，他把报纸对折起来又刷。然后他从门板上揭下报纸，急忙放到托盘上。

"你摸摸托盘，不太凉吧？"

我根本没想到这回他真要吓唬我一下。我的手刚碰到托盘，马上又缩了回来，我的手指头好像被什么东西扎了一下，而且同时还听到"咔嚓"一声响。

哥哥笑了起来。

"好玩吗？这是闪电打了你一下。你听见声音了吗？这声音就是一个小雷啊！"

"我倒是觉得被扎了一下，闪电可没看见。"

"我们把灯关了重做一次，你就会看见闪电了。"

"我可再不去碰托盘了！"

"这回不用你去碰它了。我用钥匙把火花引出来。"

哥哥关了灯，喊道："注意，不要说话了！"

黑暗中，哥哥用钥匙去接近托盘。突然，我听到"咔嚓"一声，同时还看到钥匙和托盘之间闪现出明亮的、白中带蓝的火花，有半根火柴那么长。

"看见闪电了吗？"哥哥问。

"看见了！"

"你来试试吧！"哥哥把钥匙递给我，但是把报纸拿出了托盘。

"托盘里没有报纸还能产生火花吗？"我问。

"你试一试。"

还没等钥匙碰到托盘，火花就出现了，但是没有前一次亮。接着，哥哥又把报纸放在托盘上，随即又拿下来，又让我试一次，仍然能产生火花。就这样，试了好几次（当中没有再刷过报纸），每次我都引出了火花，不过一次比一次微弱。

最后，哥哥说："假如我不是直接用手拿报纸，而是用丝线提着它，那么，出现火花的次数就会更多一些。这里面的道理，等你学电学的时候就会明白了。暂时只要求你用眼睛看这些实验，还不要求你用脑袋看。下面，我们再做一个水流的实验，这要到厨房水龙头旁边去做。报纸暂时搁在房间里吧！"

哥哥让龙头里放出细细的一股水流。

"你看，我不用接触水，就能让水流改变方向。让它往左、往右都可以。"

"不信！"我随口说了一句。

"好。别动龙头，我去拿报纸。"

哥哥双手拎着报纸回来了（他大概又用刷子刷过报纸）。他把报纸从左

边凑近水流，水流就向左弯。

他把报纸拿到右面，水流又向右边弯。

"你看，电的吸引作用有多强。这个实验不用报纸也能做，用塑料梳子也行。"

他从兜里掏出梳子，梳梳头发，再把梳子凑近水流，果然把水流吸引过去了。

哥哥说："用这把梳子做前几个实验可不行，因为它带的电少，比咱们的主要仪器——报纸少得多。最后一个实验，我还得用报纸做。不过这一个实验又变为力学的了，是一个关于空气压力的实验。"我们回到房间里。哥哥用一张报纸剪剪裁裁，糊了一个长口袋。

"你去拿几本又厚又重的书来，趁这工夫我让纸袋干一干。"

我从书架上拿下来三本大厚书，放在桌子上。"你能把这个纸袋吹鼓起来吗？"哥哥问。

"当然能啦！"

"要是纸袋上面压上两本大书呢？"

"哟！那可就吹不起来了。"

哥哥没说什么，他把口袋搭在桌子边上，上面平放了一本书，又在上面竖放了一本书。

"你仔细看看，我要吹了。"

"你想把书吹倒吗？"我笑着说。

"一点儿不错！"

哥哥开始往口袋里吹气。你猜怎么着？在空气的压力下，袋子逐渐鼓起来，平放着的那本书有一头被顶起来了，而在它上面竖立着的那本书竟被掀翻了。这两本大书恐怕有四五千克重呢！

哥哥把书摆好，让我也来吹一吹。我

可真没信心，但是又想试一试。没想到我居然和哥哥一样，轻而易举地把书吹倒了，根本用不着有大象般的肺，因为这并不比吹倒一盒火柴更费力。

哥哥后来给我解释了原因。我们往纸袋里吹气，是要把比外部空气压力更大的空气吹进去，否则纸袋是鼓不起来的。外部空气的压力是每平方厘米1千克力多一点儿。你算一算书压着的纸有多少平方厘米，就能知道纸袋里的空气对书本有多少的压力。即使袋里的压力比外部空气的压力只大1/10，每平方厘米也要多100克力。这么大的力量，当然足够把书掀倒了。

编写说明

本书部分材料选自苏联科普作家别莱利曼著的《引人入胜的问题和实验》。王昌茂译，沈宁华、高立民对译稿进行了全部改写，许多章节进行了扩充，并增写若干篇目。

本书中"雪地骑车、冰箱和空调、变化的笛声、望远镜能当显微镜用吗、画面能变的图片"为沈宁华、高立民增写篇目。